又好看又好

大师数学课

空间与几何

［苏］别莱利曼 / 著

申哲宇 / 译

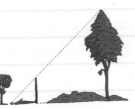

北京联合出版公司
Beijing United Publishing Co.,Ltd.

图书在版编目（CIP）数据

空间与几何 /（苏）别莱利曼著；申哲宇译. — 北京：北京联合出版公司，2024.7

（又好看又好玩的大师数学课）

ISBN 978-7-5596-7656-6

Ⅰ．①空… Ⅱ．①别… ②申… Ⅲ．①数学—青少年读物 Ⅳ．①O1-49

中国国家版本馆CIP数据核字（2024）第105282号

又好看又好玩的 大师数学课 空间与几何

YOU HAOKAN YOU HAOWAN DE DASHI SHUXUEKE　KONGJIAN YU JIHE

作　　者：［苏］别莱利曼

译　　者：申哲宇

出 品 人：赵红仕

责任编辑：高霁月

封面设计：赵天飞

北京联合出版公司出版

（北京市西城区德外大街83号楼9层　100088）

河北佳创奇点彩色印刷有限公司　新华书店经销

字数300千字　875毫米×1255毫米　1/32　15印张

2024年7月第1版　2024年7月第1次印刷

ISBN 978-7-5596-7656-6

定价：98.00元（全5册）

CONTENTS
目 录

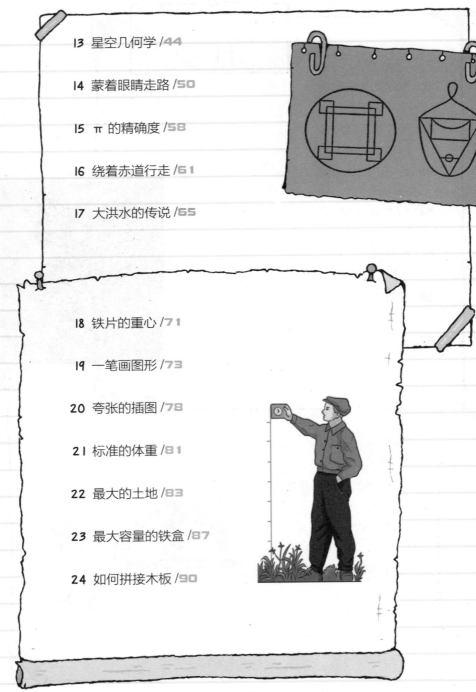

利用影子来测量

　　小时候我常去<u>丛林</u>中玩耍，有一天我遇见了一位护林老人，他正在一棵大松树下摆弄一个小巧的四方形仪器。我很好奇，便问他在干什么，老人笑着说自己正在测量那棵松树的高度。我原以为他要带着那个小仪器爬到树顶去测量，没想到他竟把小仪器放进口袋里，告诉我他已经测完了……

　　当时，在年幼无知的我看来，老人的方法简直是无比神奇的魔术，即使到现在我依然记得当时的那份震撼。

　　长大后，我接触到几何时，才明白那个奇妙的魔术不过是对几何原理最基本的应用罢了。这样的例子有很多，其中最古老的案例就是古希腊哲学家泰勒斯测量金字塔高度的故事。

　　那是公元前6世纪某一天的某一特殊时刻，太阳下人的影子长度正好和人的身高相等。于是，就在那一刻，在疑惑的法老和祭司们面前，泰勒斯完成了测量金字塔高度

的任务。因为那一刻，金字塔投下的阴影长度[△]正好和它的高相等，而它的阴影长度是很容易测量的。

这种测算方法不难领会，但需要我们掌握一些几何知识，也就是下面的三角形特性（其中一个特性正是泰勒斯发现的）：

（1）等腰三角形的两个底角度数相等。反之，如果三角形的两个角度数相等，那么它们对应的边也相等。

（2）任意三角形的内角和是180°。

正是掌握了这两个特性，泰勒斯才知道，当他的影子和身高等长时，阳光射向地面的角度刚好是45°，即直角的一半。所以，他才能断定，金字塔的高度与其影子的长度恰好是一个等腰三角形的两条边。

这个方法很适合在晴朗的日子里对单棵树进行测量，但它有很大的局限性。首先，在树木茂密的丛林里无法使用，因为树影会交叠在一起，导致无法测量。其次，在一些高纬度地区，太阳总是低垂于地平线上，很难有合适的测量机会。只有在夏季正午时分，

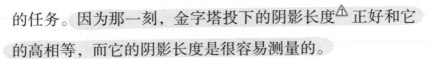

1　　阴影的高度要从金字塔底部的中心点算起，至于金字塔底部的长度，泰勒斯则可以直接测量。

才能使用这个方法。不过，这些局限性并不难解决，只要我们稍微改进一下方法，就不必依赖于那个特殊时刻了。

首先，我们要测出树木的阴影长度 BC，再测出自己的影子长度或者一根木棍的阴影长度 bc（图1）。因为 $\triangle ABC$ 与 $\triangle abc$ 相似，所以可得出 $\dfrac{AB}{ab}=\dfrac{BC}{bc}$。意思是，树影长度是你（或木棍）影长的几倍，树木高度就是你（或木棍）高度的几倍。

< 图 1> 利用影子的比例关系推算物体长度。

不过在另一些情况下，这个方法也不适用。比如，在路灯灯光的照射下（图2），木桩 AB 是木桩 ab 的3倍高，但 AB 的影子 BC 却是 ab 的影子 bc 的8倍长。这是为什么呢？

原来，太阳射出的光线是平行的，而路灯却是点状光源，它发出的光线是发散的。

<图2> 此种情况无法使用泰勒斯的测量方法。

也许你会质疑，怎么能肯定太阳射出的光线是平行的呢？的确，太阳光线间存在一个很小的角度，由于这个角度实在太小了，所以我们才会把它忽略掉。当然，如果你心存疑虑，我们也可以利用几何学来证明这一点。

假设太阳上某点发出两道光线，落在地球表面相距1千米的两个地方。想象此时有一把巨大的圆规，我们把它的一端立在光源处，另一端以太阳到地球之间的距离（约 1.5×10^8 千米）为半径画圆，那么这个巨大圆的周长为 $2\pi \times 1.5 \times 10^8 \approx 9.4 \times 10^8$ 千米。

已知圆周为360°，1°为60′，1′为60″ 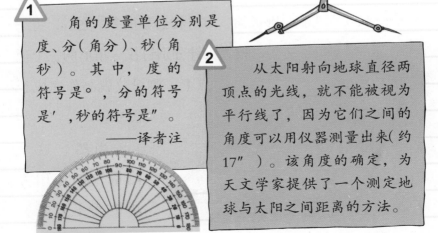，因此每角秒对应的弧长为$9.4 \times 10^8 \div 360 \div 60 \div 60 \approx 725$千米。

所以，我们假设的地面上1千米的弧长对应的角只有$\frac{1}{725}$角秒。如此小的角度完全可以忽略不计，因此我们认为太阳光线都是平行的。

不过，因为太阳并不是点状光源，而是一个巨大的发光体，它投射出的阴影尽头总有一道模糊不清的半影，这会使我们的测量产生误差，再加上地面不平等因素，利用阴影测出来的高度很容易出现误差。因此，在类似山区的地方，我们通常不用阴影法来测高。

1 角的度量单位分别是度、分（角分）、秒（角秒）。其中，度的符号是°，分的符号是′，秒的符号是″。

——译者注

2 从太阳射向地球直径两顶点的光线，就不能被视为平行线了，因为它们之间的角度可以用仪器测量出来（约17″）。该角度的确定，为天文学家提供了一个测定地球与太阳之间距离的方法。

简易的测高法

其实，测量物体高度的方法有很多，就算不借助阴影也能轻松做到。下面，我们就来学习几种简单易操作的办法吧！

首先，你可以自制一个简单的测量仪，材料仅需一块光滑的木板，一张纸，一支笔，三枚大头针，一个小重物。第一步，在木板上画出一个等腰直角三角形。假如你身边没有三角板或圆规，你可以将纸片先对折一次，将折痕对齐后再对折一次，得到一个直角，然后利用它量出相等的腰长——只要你头脑足够灵活，方法就会有很多。之后，将三枚大头针分别钉在三角形的三个顶点上，测量仪就制作完成了（见图3）。

当然，这个测量仪的使用方法也并不复杂。

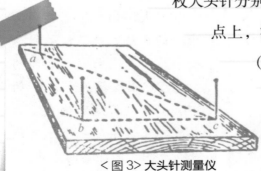

<图3> 大头针测量仪

你需要站在离被测树木较远的地方，手举仪器，在三角形的点c处绑一根细线，下端系上小重物，使这根线处于三角形的直角边bc的延长线上，这样你就可以知道bc是否与地面垂直了。然后你需要前向或向后移动，直到你从点a、点c望去时，树顶C恰好被大头针挡住，记下你站立的位置A（图4）。这时，aBC也构成了一个等腰直角三角形，故aB=CB。又因为AD=aB，所以，你只需在平地上测量出你和被测树木之间的距离，再加上你的身高，就能算出树木的高度了。

你要是懒得制作测量仪，也可以用一根长木杆作为工具。注意，这根木杆要足够长，这样，当你将它垂直插入

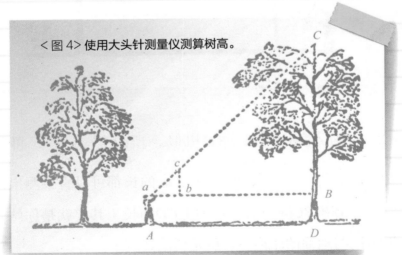

<图4> 使用大头针测量仪测算树高。

地面时，其露出来的部分才能比你高（图5）。此时，你
面向大树，沿Dd延长线的方向往后退，直到看到木杆顶端
点b和树顶点B在一条直线上，记下当时你站立的位置A。
然后身体不动，眼睛看向正前方，视线保持水平，记住视
线与木杆、树干的相交点c和C，并做好标记。

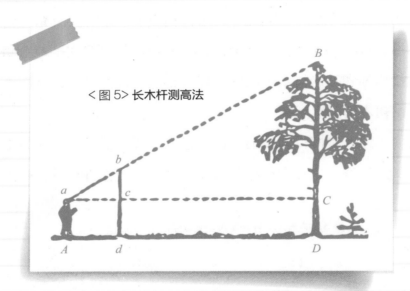

<图5> 长木杆测高法

因为$\triangle abc$与$\triangle aBC$相似，所以$\dfrac{BC}{bc}=\dfrac{aC}{ac}$，可得

$BC=bc\times\dfrac{aC}{ac}$。其中，$bc$、$aC$、$ac$的长都可以直接测出。

这样，算出BC的长后，再加上CD的长（其实就是你站立
时眼睛与地面的距离），就是树的高度了。

假如你找不到一根比自己高的长木杆，那也没有关系！你可以把长木杆换成你随身携带的笔记本，当然上面要插一支笔。面对大树站立，将笔记本垂直举在一只眼睛前面，使插着笔的那侧朝向大树（图6）。将笔慢慢往上推，直到你从点 a 看时，笔尖点 b 和树顶点 B 在一条直线上。这时，可根据之前的方法求出大树的高。事实上，笔记本的宽是一定的，当你与被测物体的距离也固定时，你会发现树的高度完全取决于笔被推出的部分 bc 的长度。如果细心的你事先在笔杆上标记了刻度，那么你就有了一个能装在口袋里的测高仪了。

不过，有时候我们会因为某些原因无法靠近被测

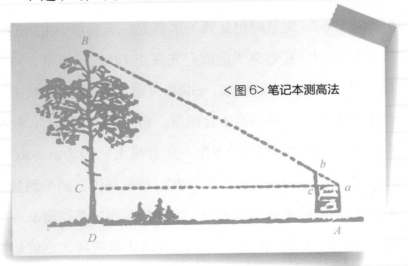

<图6> 笔记本测高法

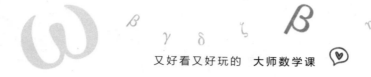

大树，于是以上方法都无法使用。这时，你可以自制一个巧妙的仪器（图7）。将两根木条固定成直角，并使

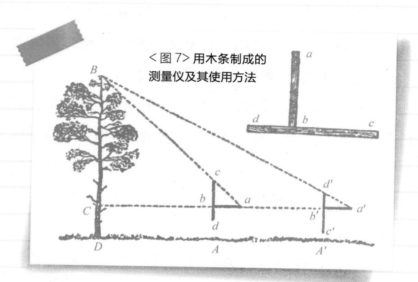

<图7> 用木条制成的测量仪及其使用方法

$ab=bc=2bd$。测量时用悬锤（木条上一条系着小重物的细线）保证cd一直垂直于地面。先在点A处进行测量，将仪器c端朝上，使从点a望去，c端和树顶点B在一条直线上。再走到距离远一些的点A'处测量，将仪器d'端朝上，使从点a'望去，d'端与树顶点B在一条直线上。因为$aC=BC$，$a'C=2BC$，所以$aa'=2BC-BC=BC$。也就是说，两个测量点A与A'之间的距离就是BC的长，大树的高很容易算出来。

最后，还有一个常见的物品可以用来测高，它就是镜

<图8> 利用镜子测量树高。

子。我们将一面镜子平放在被测树木附近的点C（图8），往后退直到你能从镜子里看到树顶点A，记下你的位置点D。

由光的反射定律可知，树顶点A在镜子中的像为点A'，且AB=A'B（图9）。因为△A'BC与△EDC相似，所以

$$\frac{A'B}{ED} = \frac{BC}{CD},$$ 求出A'B，即为树的高度。

用镜子也能测出无法靠近的树的高度。只需将镜子分别放在两个地方测量，然后利用相似三角形的关系推算出树的高度。具体方法你可以动手尝试一下。

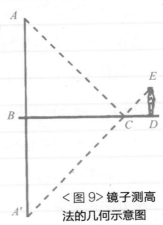

<图9> 镜子测高法的几何示意图

叶子上的几何学

在茂密的树荫下，一棵小树从一棵白杨树的根部滋生出来。你如果摘下小树的一片树叶观察，就会发现它比母树的树叶要大得多。原来，生长在树荫下的小树，要想吸收更多的阳光，就必须增大叶片的面积。这虽然是植物学范畴的问题，但是我们也可以运用几何知识算出小树的树叶究竟比母树的树叶大多少。

由于这两棵树是同一种树，所以它们的树叶形状基本是一样的。从几何学角度来说，它们的图形是相似的，那么，它们的面积之比就等于它们的直线尺寸平方之比。只要我们测量出两片树叶的长度（或宽度），就能算出它们的面积关系了。假定小树的树叶长15厘米，母树的树叶长4厘米，那么两片树叶的面积之比就是$\frac{15^2}{4^2}=\frac{225}{16}\approx14$。也就是说，小树树叶的面积约是母树树叶面积的14倍。

如果要对比两片完全不同的树叶，我们还可以用另一种方法来测算。将一张透明的标有方格的纸铺在树叶上，分别画出两片树叶的轮廓，然后根据轮廓所占方格的数量，算出树叶的面积关系。这个方法虽然麻烦了一些，但算出的结果会更加精确。

树林里有各种各样的树叶，有时我们会发现一些大小不同，但外形十分相似的树叶（如图10）。这些都可以作为你破解面积之比这个几何学难题的生动材料。在眼睛不够敏锐的人看来，这真是太奇怪了，明明两片叶子在长度或宽度上相差不大，但其面积有着惊人的差别。

假设有两片形状相似的叶子，其中一片比另一片长出20%，那么它们的面积之比是 $\frac{1.2^2}{1^2} \approx 1.4$ 。也就是说，它们在面积上相差了40%。如果它们在宽度上相差40%，那么两者的面积之比是 $\frac{1.4^2}{1^2} \approx 2$ 。也就是说，它们的面积相差了2倍之多！

< 图 10>

04

利用帽子测距离

　　故事发生在很多年前，在一次战争中，某部队的一个班接到了一项任务——测量一条河的宽度，以确定他们是否能渡到河对岸去。

　　班长率领战士们来到这条河附近，在灌木丛中隐蔽起来。随后，他带着一名战士，在其他人的掩护下爬到了河边。这时，对岸敌军的一举一动尽在他们的眼中。由此，他们推测这条河的宽度为100~110米。

　　为了验证这个推测是否准确，班长决定用一种更精确的方法再次测量一下。这个方法就是"帽檐测距法"。

　　这种方法是这样操作的：

　　首先，你需要在河边面向河流站立，戴上帽子，使帽檐正好在眼睛上方。望向对岸，使帽檐底边与河岸线重合（图11）。

<图 11> 帽檐测距法

如果没有帽子，你也可以把手掌、笔记本等放在额前作为替代。然后，你需要保持头部抬起的那个角度，并将整个身体向左转或向右转，甚至向后转——只要你面对的方向地面较为平坦，便于测量就行（图12）。找到从帽檐下能看到的最远的一点，你与那一点之间的距离就是河流的大致宽度。

当时，班长没有戴帽子，便用随身携带的笔记本作为替代。他迅速地站起身来，将笔记本抵在前额，望向对岸。然后，他连忙转身，在自己这一侧的岸上找到了最远

＜图 12＞ 在自己这一侧的岸边找到那一点。

的那个点，随即趴了下来。接着，他和另一名战士一起爬到那个点，并用绳子测量了这段距离。测量的结果是105米。随后，他们向上级领导汇报了这个结果，顺利地完成了任务。

实际上，这个方法涉及的几何知识一点也不难。相当于以观测者为圆心，以其从帽檐（或手掌、笔记本）下能观察到的最远距离为半径画了一个圆。因为AB和AC都是这个圆的半径，所以它们的距离是相等的。

对岸的路人有多远

想象一下，此时你站在河边，对岸有一个人正沿着岸边行走，你在这边能清楚地看到他的步伐。那么，在不借助任何测量工具的情况下，你能否测出你们之间的大概距离呢？

乍一看，这个问题似乎有些棘手，因为前面至少还有帽子或笔记本可以利用。事实上，这一次你只需用自己的手指就行了。

将你的手臂朝对岸那个正在行走的人伸直，并竖起大拇指。假如他正向你的右手边行走，那就闭上你的左眼，用右眼来观察；假如他正向你的左手边行走，那就闭上你的右眼，用左眼来观察。当对岸那人正好被你的大拇指挡住时，你要立刻调换双眼开闭状态，也就是闭上刚才睁着的那只眼睛，睁开刚才闭着的那只眼睛。这时，你会发现对岸的路人好像后退了几步。现在，你需要数他走了几步，直到他再次被你的大拇指挡住。至此，测量结束，你

又好看又好玩的 **大师数学课**

已得到所需的数据了。

那么，这些数据真的够用吗？没错，我们来解释一下怎么利用这些数据。

如图13所示，假设你双眼的位置为a和b。当你伸直手臂时，你的大拇指指尖为点M。点A是对岸的路人第一次被挡住的位置，点B是那人第二次被挡住的位置。当你面朝对岸的路人时，ab方向大致与他行走的方向平行，因此$\triangle abM$与$\triangle ABM$相似。于是可得出$\dfrac{BM}{bM}=\dfrac{AB}{ab}$。

其中，除了BM是未知的，其他数据都是已知的：ab是你双眼瞳孔间的距离，bM是你伸出的手臂长度，AB则

<图13> 借助大拇指来测量距离。

可以通过你数的步数算出来——在此，我们可按照成人平均每步0.75米计算。

假设瞳孔间的距离约为6厘米，手臂的长度约为60厘米，对岸的路人从点A到点B一共走了14步，于是：

$$BM=AB \times \frac{bM}{ab}=0.75 \times 14 \times \frac{60}{6}=105（米）$$

我们知道，每个人的臂长与瞳孔间距离的比是固定不变的，也就是说$\frac{bM}{ab}$的值是可以事先量好并记住的。所以，我们可以随时利用这一点求出自己与其他物体的距离。一般来说，大部分人的$\frac{bM}{ab}$值都是10左右。

此外，AB的长度也是解题的关键。与刚才数步数的方法类似，我们还可以通过数车厢的数量来确定一列火车的长度，因为每节车厢的长是基本固定的，你可以事先查到。相应地，如果已知观测者和被测物体之间的距离，也可以利用以上方法反过来推测被测物体的尺寸。

圆形的水纹

我们都观察过，把一块石子丢进水里，平静的水面上就会现出一圈又一圈不断扩散的水纹（图14）。这一现象很容易解释，当水面受到石子的冲击后，激起的波浪会以相同的速度从石子的落水点向四周散开，所以每一时刻波浪上的各点都处于与起点相同距离的地方，也就是说，这些水纹都呈圆形。

< 图 14> 水面上出现了一圈圈的水纹。

那么，在流动的水中投入石子，形成的水纹会有什么变化吗？它会是标准的圆形，还是被拉长了的圆形呢？

简单设想一下，你可能会觉得水纹会在流动的水中向水流的方向伸展，因为在顺流的方向上，波浪展开的速度一定比在逆流或两旁的方向上要快。这就意味着，波浪上的各点全部处在一个被拉长了的封闭曲线上，而不是一个圆上。

这个设想似乎挺有道理，但事实并非如此。就算我们把石子扔进湍急的河流中，石子激起的水纹也一定是圆形的——与在静水中没什么两样。这是怎么回事呢？

我们可以利用几何知识来分析一下：当水面静止时，石子落水形成的水纹一定是圆形的。那么，当水流动时，水流会对水纹产生怎样的影响呢？如图15（左）所示，水流会使这个圆周上的每个点都按箭头的方向移动，且移动的方向是相互平行的，速度也相同。所以在一段时间里，这些点移动了同样的距离。也就是说，在平移的情况下，水纹的形状是不会发生变化的。如图15（右）所示，在平移之后，点1挪到了点1′，点2挪到了点2′，点3挪到了点3′……原先4个点构成的四边形1234变成

四边形1′2′3′4′。这时，我们可以根据平行四边形122′1′、233′2′、344′3′，得知12与1′2′、23与2′3′、34与3′4′等长。也就是说，四边形1′2′3′4′与四边形1234是全等的。假设我们在圆周上取更多的点，那么就会得到一个全等的多边形。如果取的点足够多，刚好形成一个圆，那么平移之后得到的就是全等的圆。

这就是水纹在流动的水中仍能保持圆形的原因。不同的是，在河水中形成的水纹会同自己的中心以水流的速度运动，而在湖水中的水纹却是静止的（向外扩散不算）。

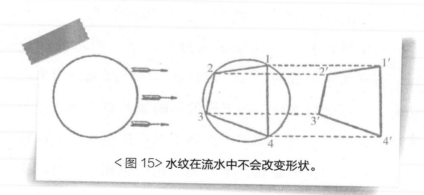

<图 15> 水纹在流水中不会改变形状。

倒映在水中的星空

几何学在我们的日常生活中随处可见，就连夜晚的河流中也隐藏着几何谜题。著名作家果戈理曾写过一篇关于第聂伯河的文章，其中有这样一段话：

> 繁星在漆黑的夜空中闪耀着，它们的身影无不倒映在第聂伯河中。第聂伯河把它们全部揽在自己幽暗的怀中，没有一颗星星能够躲避，除非它自己熄灭……

相信很多人都有过类似的感受，当我们驻足于一条大河的岸边时，我们常常会感觉满天星斗似乎都倒映在宽广的河面上。然而，事实真的如此吗？

让我们来画个图（图16），假设点A是观测者眼睛的位置，MN是河面，那么观测者从点A望向河面的时候，能看到哪些星星呢？要想回答这个问题，我们需要从点A拉一条直线AD，使其与河面MN垂直，并将其延长至点A'，使A'D=AD。如果观测者的眼睛位于点A'，那么他就只能

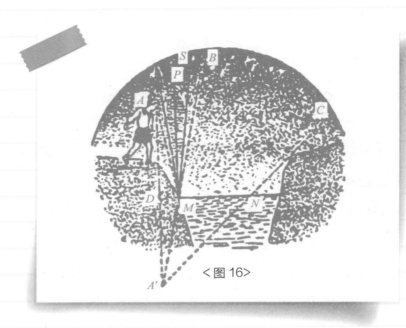

<图 16>

看到∠BA'C范围内的这一片星空。而观测者从点A望过去的视野也和这一样。也就是说，所有在∠BA'C以外的星星都不能被观测者看到，因为它们的反射光线根本进入不了观测者的视力范围。

为了证明这一点，我们可以来求证观测者看不到位于∠BA'C以外的S星在水中的倒影。在图16中，我们看到S星的光线射到了水面上的点M，根据光的反射定律，这条光线会向垂线MP的另一边反射回去，且形成一个与∠SMP度数相同的夹角。这个角度比∠PMA小一些，因此，这条反射光线应从点A 旁边经过。假设S星的光线射到了离岸边较远的地方，那么反射光线也会离点A更远，也就意味着它无法进入观测者的视野。现在，我们可以知道，果戈理的那段描写运用了夸张的手法，第聂伯河里倒映出来的星星只是满天星斗中的一小部分，而不是全部。

另外，还有一个令人意想不到的情况：河水倒映出来的星星很多，并不能证明这条河一定很宽广。有时候，我们在水面狭窄或河岸较低的小河中，反而会看到更多的星星（图17）。当然，前提是你要找到合适的角度。

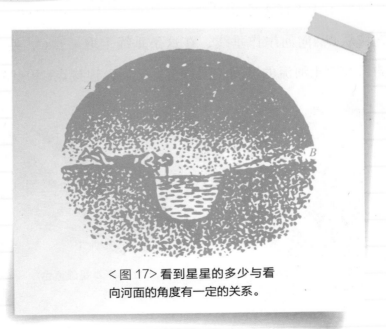

<图 17> 看到星星的多少与看向河面的角度有一定的关系。

最短的路线

在生活中，我们有时会遇到这样的问题：在 A、B 两地之间有一条两岸大致平行的河流（图18），有一天，人们想在河上架一座桥，要求桥要和两岸垂直，并且使人们从 A 地到 B 地的路程最短，那么这座桥应架在什么地方呢？

众所周知，两点之间线段最短，但由于 A、B 的连线与河岸不垂直，无法满足要求，所以我们得另想办法。首先，从点 A 向河岸作垂线，在这条垂线上取一点 C，使 AC 的长度等于河流的宽度（图19）。然后，连接点 C 和点 B，

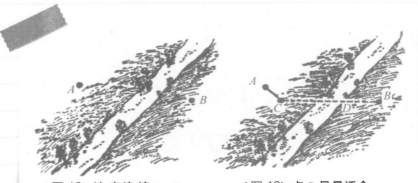

<图 18> 这座连接 A、B 两地的桥，应架在何处呢？

<图 19> 点 D 是最适合的架桥点。

这条连线与靠近B地的河岸交于点D。这样，点D就是最适合架桥的地点。

我们从点D出发，垂直于河岸架起一座桥DE，桥的长度正好与河流的宽度相等（图20）。连接点E和点A，我们就能得到最短的路线AEDB了。因为AC与DE都与河岸垂直，且AC=DE，所以可推出ACDE是平行四边形，AE=CD。因此，最短的路线AEDB的长度实际上就是ACB的长度。

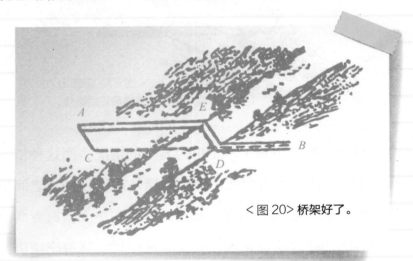

<图20> 桥架好了。

也许你怀疑AEDB这条路线不是最短的路线，那么我们就用几何方法来证明吧。假设存在另一条更短的路线AMNB，它与河岸的交点分别是M、N（图21）。连接点C和点N，依据前面的推论可知，AMNC也是平行四边

形，$AC=MN$，$AM=CN$，因此路线$AMNB$的长度实际上等于$ACNB$的长度。显然，在$\triangle NCB$中，两边之和大于第三边，即$CN+NB>CB$，所以$ACNB$的长度一定大于ACB的长度，也就是大于$AEDB$的长度。

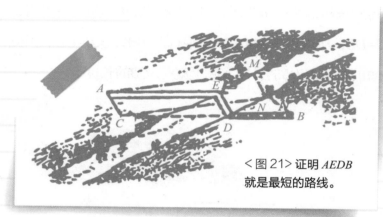

<图21> 证明 $AEDB$ 就是最短的路线。

现在，我又想到了一个更为复杂的情况，而这种情况在现实生活中也很有可能出现。同样是在A、B两地之间架桥，使得从A地到B地的路程最短，但它们中间横跨着两条不平行的河流，也就是说需要架起两座桥，且每座桥仍与河岸垂直。这次又该如何选址呢？

如果你完全掌握了上一题的解题思路，那么这道题对你来说应该没什么难度。如图22所示，从点A出发向第一条河流作垂线，在这条垂线上取一点C，使AC的长度与第一条河流的宽度相等。然后，从点B出发向第二条河流作垂线，在这条垂线上取一点D，使BD的长度与第二条河流的宽度相等。连接点C和点D，这条连线与两条河流的某一边分别交于点E和点G，这就是最合适的架桥地点。

＜图22＞点 E 和点 G 就是最适合架桥的地方。

从点E出发在第一条河流上架起一座垂直于河岸的桥EF，从点G出发在第二条河流上架起一座垂直于河岸的桥GH。这时，从A地到B地的最短路线就是AFEGHB。同理，ACEF和BDGH都是平行四边形，因此AC=EF，AF=CE，BD=GH，BH=DG，所以这条最短路线的实际长度就是ACDB。当然，你也可以利用前面的方法证明这条路线是最短的，此处就不再赘述了。

月亮看起来有多大

天上的满月究竟有多大呢？对于这个问题，人们有着各种各样的答案。有人说月亮像苹果那样大，有人说月亮像盘子那样大……这些判断都十分模糊，因为说这些话的人并没有认识到这个问题的实质。

要想得出这个问题的正确答案，需要知道什么是"视大小"。由被观测的物体边缘引向我们眼睛的两条光线间的

<图23>

夹角被称为"视角"，或"物体的角度尺寸"（图23）。人们在对月亮的尺寸进行评估时，正是因为看到苹果、盘子的视角与看到月亮的视角一样大，所以才有了上述结论。

实际上，在不同的距离观察苹果或盘子，视角是不同的：距离近，视角就大；距离远，视角就小。因此，为了让这些描述更准确，我们必须指出是在多远的地方观察苹果或盘子。

其实，这个距离比你想象中的要大得多。如果你手拿一个苹果并将手臂尽量伸直，你就会发现不仅整个月亮被苹果挡住了，甚至连一部分天空都被挡住了。于是，你需要用一根线把苹果吊起来，然后慢慢后退，直到你看到苹果恰好将月亮盖住为止。

在那个位置上，苹果和月亮对你来说有着相同的视大小。你不妨测量一下你和苹果之间的距离，结果约为10米。所以，要使月亮看起来真的和苹果一样大，你得把苹果放到那么远的地方。要是把苹果换成盘子，你就得把盘子移到约30米远的地方。

这个结果也许会让你感到意外，但事实就是如此。我们观察月亮的视角只有0.5°。日常生活中，大多数人

对1°、2°等小角度没什么概念，而只对比较大的角度敏感，比如我们很容易从钟表上认出60°、90°、120°所对应的时间2点、3点、4点。但是，对于那些极微小的事物，我们就很难估算出它们的视角了，哪怕只是近似值。

要直观地说明生活中的1°角究竟是什么概念，可假设你要观察一个身高1.7米的人，那么你需要站在多远的地方观察他视角才是1°。这个问题转换成几何学的描述就是：已知圆的1°角对应的弧长是1.7米（圆内小角度对应的弧长和弦长基本相等），求圆的半径是多少。

因为圆周有360°，所以圆的周长为$1.7 \times 360 = 612$米。又因为圆的周长等于$2\pi r$，此处的π取$\frac{22}{7}$，所以圆的半径为$612 \div 2\pi = 612 \div \frac{44}{7} \approx 97$米。

所以，当一个人离我们约100米远时，我们看他的视角约为1°（图24）。假如他再走远一些，走到离我们200米远的地方，那我们看他的视角就是0.5°；假如他在离我们50米远的地方，我们看他的视角就是2°。这很容易推算。

用同样的方法可以算出1米长的标杆在1°视角下与我们的距离是$360 \div \frac{44}{7} \approx 57$米。如果换成1厘米长的标杆，那

空间与几何

<图 24> 距离被观察者约 100 米时视角为 1°。

么这个距离就是57厘米；如果是1千米长的物体，那么这个距离就是57千米。总之，一切物体在相当于它的直径的57倍距离观察时，视角都是1°。只要记住57这个数字，你就可以进行快速运算了。

比如，一个直径为9厘米的苹果，放在多远的地方看视角为1°呢？答案很容易算出来，即57×9=513厘米。所以放在约5米远的地方就可以了。

再比如，一个直径为25厘米的盘子，要放在多远的地方才能使它看起来像满月那样大呢？根据前面的结论，已知月亮的视角为0.5°，所以这个距离为：0.25×57×2=28.5米。

如果将盘子换成直径为25毫米的面值为5戈比的硬币，那么距离应为：0.025 × 57 × 2=2.85米。

也就是说，满月在人眼中并不比4步之外的硬币大，事实上，它甚至不比80厘米远的铅笔宽。

不信的话，你可以手拿一支铅笔，对着满月伸直手臂，你会看到满月被铅笔完全挡住了。所以，生活中最适合用来与月亮对比的东西竟然是豆子、火柴头等，我们手中的苹果和盘子的视角要比月亮的视角大9~19倍。

这是一个很有趣的现象：月亮表面在很多人看来会比实际大9~19倍。究其原因，是月亮的亮度使我们产生了错觉。夜空中，一轮明月显然比苹果、盘子等看起来显眼一些⚠。很多眼光犀利的画家也会被这个错觉欺骗，因而在他们的画中，月亮总比照片中的月亮大得多。

当然，这些道理对太阳也适用。虽然太阳的直径比月亮的直径大400倍，但是它和我们的距离也比月亮和我们的距离远400倍，因此我们从地面上观察太阳的视角也是0.5°。

> **1** 生活中，我们总会觉得灯泡中烧红的灯丝比没有点亮的灯丝看起来粗一些，其原因也是如此。

10

巧用视角

为了向大家更清楚地解释"视角"这个概念，我们就从电影中举一些例子吧。相信你一定在影视作品中见过这样的镜头：火车相撞、汽车在海底行驶……如此惊险、离奇的场景，我们当然不会认为它们都是实景拍摄的。但是，这种镜头究竟是怎么拍出来的呢？

下面，我们就来揭露一下其中的奥秘。图25中，工作

<图 25> 用玩具火车模拟火车相撞的场景。

又好看又好玩的　大师数学课

人员利用道具布景与玩具火车搭建了火车相撞的场景。图26中，工作人员用细线牵拉玩具汽车移动，并在道具布景前面摆放了一个大型水箱，模拟汽车在海中行驶的场景。这就是影视作品拍摄时的"实景"，可是为什么通过银幕看到这些场景时，我们会觉得它们无比真实呢？其实，产生这种错觉的原因很简单。这些场景都是近距离拍摄的，所以我们在影视作品中看到它们的视角，与看到真实的火车或汽车的视角是差不多的。

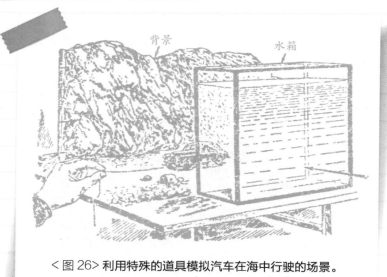

<图26> 利用特殊的道具模拟汽车在海中行驶的场景。

我们再来看下面这个例子（图27）。这是一幅奇特的风景照，照片中形似苔藓的植物就像树木一样高大，树上还

挂着一些巨大的水滴，地上爬着一只长得很像木虱的巨兽。这情景让人仿佛穿越到了古地质时期。事实上，这张照片就是根据现实中的景物拍摄的，只不过在视角的选取上用了一点小技巧。倘若把照片缩小到像蚂蚁那般大小，照片中的景象也就不足为奇了，而我们很少在这

<图27> 特殊视角下拍摄的照片

么大的视角下观察苔藓、水滴、木虱这样小的事物。

　　现实中，有些无良的新闻媒体为了博眼球，也会采用这种手法制造假新闻。曾经，某国一家报纸上刊登了一则新闻，说某处山岩上出现了一条宽大的裂缝，裂缝之下隐藏着一个巨大的地下洞穴，有几名游客前去探险后竟然离奇失踪了，并且附上了大裂缝的照片。这则新闻引发了不小的轰动，人们组织了一支救援队前往营救失踪者，却发现所谓的山岩裂缝不过是墙壁上一个不足1厘米宽的小缝罢了。

　　现在，你已明白了视角的原理，不妨来测试一下自己

的视觉敏锐度吧。首先，在一张白纸上画20条长4厘米、宽1毫米的黑线，每两条黑线的间隔为1毫米（图28）。将画好的图贴在光线充足的白墙上，你面向图慢慢后退，直到你没办法分辨出每条黑线，只能看到模糊不清的灰色背景。这时，量出你与白墙之间的距离，按照之前学过的方法计算出这时的视角。

假如视角等于1′，说明你的视力正常；假如视角等于3′，说明你的视觉敏锐度只有正常值的 $\frac{1}{3}$，以此类推。

假设你在距离白墙2米远的地方观察时，黑线已变得模糊一片了，那么你的视觉敏锐度是否正常呢？

我们知道，在距离57毫米的地方看1毫米宽的线条时视角为1°，即60′。假设在距离2000毫米处看1毫米宽的线条时视角为 x，那么可以推出 $\frac{x}{60}=\frac{57}{2000}$，解出 $x=1.71′$。因为 $\frac{1}{1.71}\approx0.6$，也就是说你的视觉敏锐度仅为正常值的0.6，所以你才看不清。

<图28> 视觉敏锐度测试图

用脚步测距离

当你在郊外散步，沿着长长的铁路或者公路行走时，或许你会感觉有些无聊，这时你不妨做一些与几何学相关的练习来找找乐子。比如，你可以利用公路来测量自己行走的速度与步幅。这样一来，今后你就可以直接用自己的双脚去解决那些测量距离的问题了。只要平时多加练习，你就能轻松掌握这个技巧！练习的要点是走路时一定要保持同样的速度和步幅。

在郊区的公路上，每隔100米的距离就能看到一个路标。我们可以用自己平常的速度和步幅走完这100米，数一数自己走了多少步，用了多长时间。然后再多走几次，你就可以算出自己的平均步幅了。但要注意的是，你最好每年都重新测量一下这个数值，因为人行走的幅度和速度是会发生变化的，尤其是对未成年人来说。

在这里，我可以提供一些经过多次测量得出的数据：

成年人的平均步幅，即每一步的长度，等于他的眼睛距离

地面高度的一半。也就是说，如果一个人的眼睛距离地面160厘米，那么他的步幅就是80厘米。你如果感兴趣，可以亲自验证一下。

另外，我们也需要知道步行的速度，这对我们来说大有用处。这里也有一个可利用的数据：一个人在3秒内走的步数，等于他每小时走过的距离（单位为千米）。这就意味着，如果一个人在3秒内走了4步，那么他每小时的速度就是4千米。要想利用这个数据，就得先算出自己的步幅，当然这也很容易。

设每一步的长度为x，3秒内的步数为n，那么$\frac{3600}{3} \times nx = n \times 1000$，即$1200x = 1000$，算出$x = \frac{5}{6}$米，也就是说，这个人的步幅为80~85厘米。通常，只有高个子的人才会有这样大的步幅。如果你的步幅没有这么大，你就得用别的方法来测量步行的速度了，比如用手表计时，看自己走完100米用了多长时间。

"骄傲的土堆"

著名诗人普希金曾经在他的一部作品中提到这样一个古老的传说：

依稀记得在哪本书里看到过这样一个故事：

古时候有一位皇帝，他命令所有的将士每人抓一把土，并将这些土堆放在一起，一段时间之后，这些土堆成了一座高高的山冈。

皇帝登上山巅，俯视四野。他欣喜地发现，白色的天空笼罩着山谷，轮船在辽阔的海面上飞驰而过。

后来，每当看到碎石子和沙滩的时候，我总会想起这个古老的传说，想起书中生动而夸张的描绘——因为这个传说几乎没有一点真实性和科学性。这位皇帝的心血来潮最终只会化成泡影，他想登上山巅傲视四野的梦想永远不可能实现，结果必定令他沮丧不已，因为高山根本堆不起来，他所能得到的仅仅是一个不起眼的小土包。我想，即使是最富有想象力的小说家也不会将这个

小土包称为"骄傲的土堆"。

假如这位皇帝依旧固执己见，我们可以利用计算来让他心服口服。

在古代，皇帝手下的将士不会太多，十万大军已经是一个非常庞大的数字了。虽然它无法与今天的军队人数相提并论，但是，在当时总人口数量很少的情况下，这已经是十分难得的了。假设皇帝手下有十万将士，他们每人手里都抓了一把土，那么，这把土能占多大体积呢？你不妨尽可能多地抓一把土放进一个杯子，显然一把土填不满杯子。于是，我们假设一把土的体积为 $\frac{1}{5}$ 升。已知1升等于0.001立方米，因此所有将士能抓住的土的体积为：

$$\frac{1}{5} \times 100000 = 20000（升）= 20（立方米）$$

也就是说，最后能堆出来的土丘不过是一个体积只有20立方米的圆锥体。我们可以算出这个圆锥体的高度，但是，这就必须知道其侧面与底面所成的角度。在这里，我们就假设它与自然形成的坡度一样，即45°（如果这个角度再大一些，土丘会更陡，高处的土就会向下滑落，因此取缓一点的坡度比较合理）。那么，圆锥的高 h 与底面半

径 r 相等，求得圆锥体积为：

$$\frac{1}{3}\pi r^2 \times h = \frac{1}{3}\pi h^3 = 20$$

算出：

$$h = \sqrt[3]{\frac{60}{\pi}} \approx 2.7 \text{（米）}$$

原来，这个圆锥只比一个人高出一半左右。将这样的土丘称为"骄傲的土堆"，的确需要非常丰富的想象力。其实，如果沙土滑落得更多些，土丘的坡度更缓，它的高度将更小。

我们再以另一位君主阿提拉为例。在古代，他的军队人数最多可达70万人，即使让他的将士都去参与这项活动，那么堆出的土丘也不会高出很多。已知这个土堆的体积是上一个土堆的7倍，因此它的高是上一个高的 $\sqrt[3]{7}$ 倍，也就是约1.9倍。于是，求出这个土堆的高为 $1.9 \times 2.7 = 5.13$ 米。

我想，阿提拉对这样的高度应该也不会满意。站在这个高度，想看到普希金诗中所描绘的山谷还有可能，但想看到大海就不太可能了。

星空几何学

眼前一片深渊，星星随处可见，

数不清星星有多少，望不尽深渊的边界。

——罗蒙诺索夫

　　很久以前，我曾有过一种幻想，希望自己能过上一段非比寻常的生活，比如在航海中遭遇事故流落荒岛。简单来说，我也想体验一下鲁滨逊的那些经历。假如这个想法真的实现了，那么这本书肯定写得比现在的更有意思，不过也有可能没机会写了。

　　当然，这个想法最终没有实现，我对此也并不感到遗憾。只是在青春年少时，我真的坚信自己就是一个鲁滨逊，并为此做了很多准备。我认为，即使是一个普通人，要想在那样的环境中生存，也必须掌握其他人所不具备的知识和技能。

　　假设一个人在海难中侥幸逃生，到了一个荒无人烟的小岛上，那么，他首先要做些什么呢?

我认为，他必须先搞清楚自己所处的位置，也就是这个小岛的经度和纬度。可惜的是，在很多关于鲁滨逊的故事书里，我们几乎都找不到这方面的内容。就是在《鲁滨逊漂流记》全文本中，相关内容也仅为不到一行的叙述，还是放在括号内的补充说明：

在我身处海岛的纬度上（据我计算，应在赤道以北9° 22′ 处）……

看到如此简短的一行文字时，我简直失望极了，甚至想要放弃所有的努力，不再梦想成为一个鲁滨逊了。然而，就在这个时候，儒勒·凡尔纳写的《神秘岛》为我解答了心中的疑惑。

在此，我想解释一下，我并不是教读者们都去做鲁滨逊，而是觉得大家有必要掌握确定地理纬度的简易方法。因为，这个方法不仅对荒岛求生者有用，对一般的旅行家或探险者也很有帮助。世界上的各个角落都会有一些未在地图上标注出来的地方，而且我们也很难确保自己随身携带精细的地图。所以，许多人都有可能遇到确认地理纬度的难题。

其实，这也算不上什么难题。你有观察星空的习惯

吗？你如果认真观察过繁星闪烁的夜空，就会发现星星并不是静止不动的，而是在空中沿着一条倾斜的圆弧缓慢地移动，仿佛整个天空都在围着一条无形的斜轴慢慢旋转。实际上，这是因为我们正随着地球运动——绕地轴△逆时针旋转。

在北半球的天空中，只有一点是静止不动的，那就是人们想象中地轴延长线的支点——北天极。它的位置距离小熊星座尾巴尖上的一颗星不远，这颗星就是北极星。生活在北半球的人，只要在天空中发现了北极星，就意味着找到了北天极。

北极星或许不好发现，但我们可以先找到熟悉的大熊星座（或北斗七星），再沿着其边缘的两颗星星所在直线的延长线看去，在大约距离一个大熊星座长度的位置，就

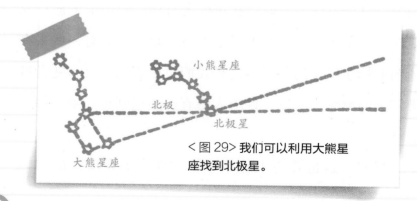

< 图 29> 我们可以利用大熊星座找到北极星。

能找到北极星了（图29）。这是我们确定地理纬度的第一个点。

至于第二个点，那就是天空中正对着我们头顶的一个点，俗称"天顶"。你可以想象一下，把地球的直径延长，使这条延长线穿过你站立的位置，与天球相交，这个交点就是天顶。此时，天顶与北极星之间的天空弧线的角距△，就等于你与地球北极之间的角距。

假设你所在的地方，天顶与北极星之间的角距是30°，那么你与地球北极之间的角距也是30°，而你与赤道之间的角距就是60°。这就意味着，你的位置处于北纬60°。

聪明的你可能已经明白了，要确定某一地点的纬度，只需要测量出天顶与北极星之间的角距，

1 地轴是地球自转所围绕的轴，它与地面相交的两点叫地极，即南极点和北极点。
——译者注

2 与角度同义，指由一定点（观测者）到两物体（两个天体）之间所量度的夹角。
——译者注

然后用90°减去刚才测出的数值就可以了。

换个角度来看，天顶与地平线之间的夹角呈90°，用它减去天顶与北极星之间的角距，得到的不就是北极星与地平线之间的角距了吗？即北极星在地平线上的高度。由此可知，某一地点的纬度等于北极星在该位置的地平线上的高度。

想必你已经学会如何确定纬度了，那么就试一试吧。找一个星星出没的夜晚，在天空中找到北极星，测算出它在地平线上的高度，求出你所在位置的纬度。

当然，这个方法算出来的结果并不精确，要知道，北极星虽然离北天极很近，但并没有与它完全重合。而且，北极星也不是完全静止的，实际上，它一直在绕着北天极转圈子，时高时低，时左时右，但与北天极的距离始终不变。所以，我们只有搞清楚北极星在最高和最低位置的高度，求出平均数，才能得到北天极的真正高度，也就是我们所在位置的精确纬度。不过，这样做不仅麻烦，也没有什么太大的必要，人们就直接忽略北极星与北天极之间的那点距离了。

上面讲述的方法，都是假定我们身处北半球。那么，我们如果来到南半球，又该怎么办呢？其实，方法和在北半球差不多，区别就是把北天极换成了南天极。可惜的是，南天极附近并没有像北极星这样明亮的星，位于南半球的南十字座虽然耀眼，却离南天极比较遥远，如果利用它的一颗星来确定纬度，就不能忽略这颗星与南天极之间的距离了。在儒勒·凡尔纳写的《神秘岛》中，主人公正是利用南十字座确定了"神秘岛"的纬度。在此，我们就不具体介绍了。

蒙着眼睛走路

文学大师马克·吐温曾在他的《憨人国外旅游记》里讲述过这样一件趣事:夜晚,在一间黑漆漆的、伸手不见五指的旅馆里,马克·吐温起床找东西,摸索着向前走,结果他撞到了好几把椅子,摸到了好几张沙发,还把玻璃水瓶撞翻在地。他的举动惊醒了旅馆里的其他人。大家点亮蜡烛后,马克·吐温才发现,房间里其实只有一把椅子和一张沙发,自己只不过是一直绕着它们转圈,反复撞到的也只是同一把椅子。

这件趣事向我们展现了这样一个奇怪的

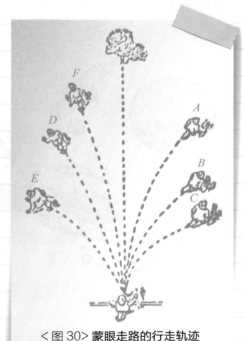

<图30> 蒙眼走路的行走轨迹

空间与几何

现象：人无法在黑夜里走直线。事实上，当人们蒙着眼睛走路时，他走的路线肯定会偏离直线，甚至在原地转圈，但当事人完全不会察觉，反而认为自己在一直朝前走（图30）。

同样，在荒漠、戈壁上行走时，要是碰到暴风雪或大雾弥漫的恶劣天气，旅行者手里又没有指南针等辨别方向的装备，他们将永远走不出去，只能不停地绕圈子，这是非常危险的。有研究发现，步行者绕的大圈的直径为60~100米。要是走得更快些，偏离的程度将更大，这个圆圈将更小。

关于人在蒙眼时不走直线而走弧线的现象，人们做过很多专门的实验。比如：在某个绿色的机场上，100名即将成为飞行员的人整齐划一地排列着，他们的眼睛都被蒙住了。当听到齐步走的口令后，所有人一起向前走去。可是，没过一会儿，有的人就开始往右偏，有的人开始往左偏。最后，整齐的队伍乱作一团，有的人甚至在原地打转，重复走着自己走过的路。在威尼斯的圣马尔谷广场上，研究者找来一些市民，将他们的眼睛全都蒙住，让他们从广场一端走向另一端。这段路程只有短短的175米，

又好看又好玩的　大师数学课

但蒙着眼的市民没有一个人走到终点，他们都毫无例外地歪到一边去了，有的人甚至撞到了旁边的柱子。

类似的情景也常常出现在很多作家的作品里，比如：列夫·托尔斯泰在《主人和雇工》一书中生动描写了人在暴风雪中迷路后不断转圈的场景；儒勒·凡尔纳的《哈特拉斯船长历险记》中也有一段关于旅行者在荒无人烟的雪原上原地打转的描写。

有些探险家还发现，很多动物也存在这种情况。在荒芜的雪原上，拉雪橇的动物也会走大圈；将蒙住眼睛的小狗放入水中，它就会在水里转圈；如果小鸟的眼睛瞎了，它就会在天空中转着圈地飞；被猎枪打伤后受到惊吓的动物在逃窜时，不会跑直线，而是跑螺旋线，因为它已失去了判断方向的能力。

那么，为什么人或动物在黑暗中无法保持直线运动呢？

在解答这个问题之前，我们可以先了解一下想走直线的话需要具备哪些条件。这时，我们不妨回想一下小时候玩过的装有发条的小汽车，它们总是不听话地到处乱跑，很少能笔直地朝前走。这个现象很好解释，那是因为两边

52

的车轮不一样大，关于这一点，没有人觉得有什么稀奇。

因此，我们可以这样说，假如人或动物身体两侧的肌肉运动完全一致，那么走出的必定是直线。然而，事实上，人和动物在生长发育的过程中都无法做到完全均衡，大部分人右侧身体的肌肉要比左侧的肌肉更发达一些。也就是说，人在行走时右脚迈出的步伐比左脚迈出的步伐稍大一些，因此人会不由自主地向左偏移。（同样，如果你的左脚比右脚迈出的步伐更大，那么你就会不自觉地往右偏。）如果眼睛不能观察周围环境并对偏移及时加以修正，那么人就会不停地向左或向右转圈。这和划船的道理是相通的，假如我们右手划桨的力量比左手大一些，那么船身就很容易向左偏。

1896年，一位名叫古德贝尔的挪威生理学家对蒙眼走路问题进行了专门研究，并搜集了很多真实的案例加以验证。下面就是他搜集的一个例子：一天夜里刮起了暴风雪，3个在哨所值班的人想穿过4千米宽的山谷回家。如图31所示，他们的家位于图中虚线所指的方向。根据自己的步速，他们认为一定时间内他们肯定能回到家。然而在回家途中，他们总是不自觉地偏向右边，于是，他们兜了一圈之后又回到了哨所。之后，他们决定再尝试一次，结果这次偏移得更厉害，比上次更快地回到了哨所。就这样，他们反复试了5次，竟没有一次成功。最后，他们只得放弃了回家的想法，等天亮以后再出发。

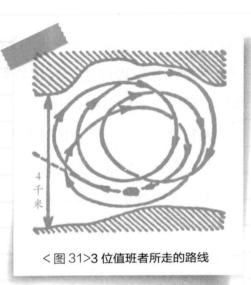

<图31>3位值班者所走的路线

从图31中可以看出，他们都是往右偏移，因此可知他们的左脚迈出的步伐比右脚迈出的步伐大一些。事实上，我们还可以计算出两者之间的差距是多少。

人在步行时，左右两脚足迹线间的距离约为10厘米

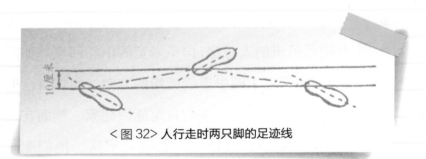

<图32> 人行走时两只脚的足迹线

（图32）。当人走完一圈时，右脚走过的路程为$2\pi r$（r为内圆半径，单位为米），即内圆的周长。左脚走过的路程为$2\pi(r+0.1)$，即外圆的周长。因此，左脚比右脚多走的路程为：

$$2\pi(r+0.1)-2\pi r=0.2\pi\approx0.62（米）$$

这个结果是一个固定值，和所转圆圈的大小无关，因此在上述案例中，3名值班者不管尝试了几次，他们左脚走过的路程都比右脚走过的路程长0.62米，即620毫米。此外，从图31中可估算，他们走过的圆圈直径约为3.5千米，周长约为10000米。假如每步的平均步幅为0.7米，那么这段路总共走了$10000\div0.7\approx14000$步，左右脚各走7000步。

因此，左脚每迈出一步就要比右脚多$620\div7000\approx0.1$毫米。可见，误差虽然非常小，却会导致不可思议的结果。

那么，两脚之间的步差和人走过的圆圈的大小有什么关系呢？

假设步幅仍为0.7米，那么走一圈需要的步数是$\dfrac{2\pi r}{0.7}$，其中r是圆圈的半径，单位为米。于是，左右脚各自迈出的步数是$\dfrac{2\pi r}{0.7\times2}$。用这个步数乘以步差$x$（单位为米），就

是左右脚走出的同心圆的周长差，即：

$$\frac{2\pi r}{0.7 \times 2} \times x = 2\pi（r+0.1）-2\pi r$$

化简可得 $rx=0.14$。因此，已知两脚间的步差可求出走过的圆的半径大小；反之，已知走过的圆的半径也可求出两脚间的步差。

此外，关于蒙眼走曲线的问题，我们有时会听到这样一种解释：人们之所以转圈，是因为左右两腿的长度不一样，大部分人右腿要比左腿稍短一点。事实上，这个解释

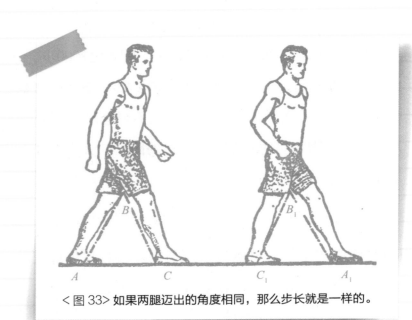

<图 33> 如果两腿迈出的角度相同，那么步长就是一样的。

在几何学上是站不住脚的，其中真正起作用的是左右脚间的步差，而不是两腿的长短。

人在行走的时候，AB总等于A_1B_1，BC总等于B_1C_1（图33）。如果每一步迈出的角度都相同，即$\angle B=\angle B_1$，那么可知$\triangle ABC$与$\triangle A_1B_1C_1$全等，因此$AC=A_1C_1$，即两脚迈出的步伐一样大，这与两腿的长度AB与BC是否相等无关。反之，若$\angle B\neq\angle B_1$，即使$AB=BC$，那么$AC\neq A_1C_1$，也就是两脚迈出的步伐不一样大。

最后，从以上案例和解释可以看出，人在蒙着眼睛的情况下不走直线是一种非常正常的现象，除非我们身体的各个部位能严格对称，而这在生物界是绝不可能的。不过，这个小麻烦对聪明的人类而言根本不是问题，因为我们可以利用指南针、地图等工具轻松判定方向，纠正偏差，避免可能产生的影响。不过，动物们就没那么幸运了，尤其对于生活在荒漠、草原或海洋里的动物来说，身体上的不对称使得它们无法直线行走，从而严重影响它们的生命活动。这就像一条无形的锁链把这些动物禁锢在它们出生的地方，使它们无法离得太远。

π 的精确度

　　如今，就连高年级的小学生也知道如何计算圆的周长。然而在古代，即使是埃及最具智慧的大祭司或罗马帝国最出色的建筑工匠，也无法精确算出圆周的长度。因为，当时的古埃及人和古罗马人分别认为圆周的长度是直径的3.16倍和3.12倍，而这个倍数实际上是3.14159……

　　这个数值是经过严格的几何学测算得到的，称为"圆周率"，用希腊字母 π 表示。但是在古代，那些数学家完全是根据经验来确定的。那么，为什么会产生这么大的误差呢？或许你会感到疑惑，只要将一根细绳缠绕在一个圆形的物体上，然后取下细绳，测量出它的长度，不就行了吗？难道数学家们不是这么做的吗？

　　其实，他们就是这样做的，只是这个方法算出的结果并不像你想象中的那么准确。我们可以做个假设，有一个圆底的花瓶，其底部直径是100毫米，那么这个圆底的周长约为314毫米。可是，如果你是用一根细绳来测量的，

就不一定能得到这个数值了。哪怕误差仅有1毫米，算出来的 π 值也是3.13或3.15了。而且，花瓶底部的直径也无法测量得那么精确，可能会产生1毫米的误差。那么，π 值就会在 $\frac{313}{101}$ 和 $\frac{315}{99}$ 之间，即3.09~3.18。也就是说，用这个方法测算 π 值，无论你测量得多么细致，多么准确，都很难得到一个可靠的结果。这就是为什么古埃及人和古罗马人没有一个圆的周长与直径的确切比值了。

后来，古希腊数学家阿基米德推算出这个比值是 $3\frac{1}{7}$。当时，人们认为计算圆周长度的最佳方法就是把圆的直径乘以 $3\frac{1}{7}$。但以如今的几何学概念来看，$3\frac{1}{7}$ 这个数值并不十分精确，更准确地说，圆周和直径的比值是不能用任何一个精确的数值来表示的，它只能是个近似值。

在日常生活中，我们只需利用近似值进行计算就可以了。但是，数学家们对于这个数值的精确度有着执着的追求。最早算出比较精确的 π 值的是中国古代数学家刘徽和祖冲之。公元3世纪，刘徽利用"割圆术"求出圆周和直径之比的近似值是3.14，并提出用此方法还可求出更精确的近似值3.1416。公元5世纪，祖冲之进一步推算出这个比值在3.1415926和3.1415927之间。16世纪时，荷兰数学家卢道夫将这个比值精确到了小数点后35位，并将其刻在了自己的墓碑上（图34）。到了19世纪，一位名叫圣克斯的德国数学家算出了达到小数点后707位的 π 值。然而，如此精确的 π 值，既没有理论意义，也没有实用价值。

比如，如果我们知道地球直径的精确长度，想算出赤道的圆周长，且将结果精确到1厘米，那么我们只需取 π 的小数点后9位就足够了。如果我们取了小数点后18位的 π 值，那么计算结果的差距也不会超过0.0001毫米（比一根头发丝还要细得多）。

对于用到 π 值的日常计算，只需取至小数点后两位（3.14）就可以了；对于更精确的计算，也只需取至小数点后四位（3.1415）就足够了。

< 图 34 > 数学家将 π 值刻到了自己的墓碑上。

绕着赤道行走

著名作家儒勒·凡尔纳的作品中，有一位主人公在环游地球时曾提出这样一个问题：人在走路时，是头走的路程长，还是脚走的路程长？

现在，我们就利用这一情景出一道几何题：假如你绕着地球赤道走了一圈，那么你的头比你的脚多走了多远的路程？

设地球半径为 r（单位为米），那么你的双脚走过的路程就是赤道的周长，即 $2\pi r$。假设你的身高约为1.7米，那么你的头部走过的路程就是一个大圆的周长，即 $2\pi(r+1.7)$。二者距离之差为：

$$2\pi(r+1.7)-2\pi r=2\pi \times 1.7\approx10.7（米）$$

也就是说，你的头比你的脚多走了10.7米的路程。

我们可以从等式中看出，最后的结果与地球半径 r 没有丝毫关系，也就是说，不管你在哪个星球——比如月球、火星甚至小行星上，结果都是固定的10.7米。只有当你的身高发生变化时，这个结果才会改变。

　　用几何学的语言来说明这个道理，就是：两个同心圆的周长之差由两个圆的间距决定，与它们的半径大小无关。也就是说，如果两个同心圆的周长之差是固定的，那么，无论它们的半径怎样变化，两者的间距都是固定的。

　　有一个通俗的例子能很好地说明这个问题：假设地球赤道上正好围着一圈绳子，某个橘子上也围着一圈绳子，将两根绳子同时加长1米，这时，两根绳子将分别离开地球和橘子表面，形成一些空隙。那么，地球与绳子间的空隙和橘子与绳子间的空隙，哪个更大呢？人们的第一反应，往往是觉得橘子与绳子之间的空隙更大些。但是，通过上述计算，你可以肯定地告诉别人：两者的空隙一样大！

　　接下来还有一道十分有趣的题，它曾被很多人编入有关几何趣题的书中。

　　这道题是这样的：假如地球赤道上正好绑着一根钢丝，现在我们将这根钢丝加长1米，显然这根钢丝围成的圆圈的半径会增加，这很好理解。那么请问，一只小老鼠能不能从钢丝与地球赤道间的缝隙钻过去呢？

你也许会觉得，这是根本不可能的事情。因为地球半径约为6400千米，可算出赤道长为$2\pi \times 6400 \approx 40000$千米，即$4 \times 10^7$米。与此相比，增加的1米实在是微不足道。可以想象，钢丝和地球赤道间的空隙应该还不如一根头发粗。然而，事实真的如此吗？我们不妨用计算来验证一下。

设地球半径为r（单位为米），钢丝增加1米后形成的大圆与赤道的间距为x（单位为米），那么大圆与小圆的周长差为：

$$2\pi(r+x) - 2\pi r = 2\pi x = 1 \text{（米）}$$

算出$x \approx 0.16$米，即16厘米。这个高度连一只肥猫也能钻过去，就不要说是一只小老鼠了。

反之，根据热胀冷缩的原理，当钢丝的温度降低时，它会收缩。假如这根钢丝足够结实，它在收缩的过程中既没有被拉断，也没有被拉长，那么，当它的温度降低1℃时，它会勒入地面多深呢？

由物理学的知识可知，钢丝的温度降低1℃时，它的长度会缩短十万分之一。由前面的计算结果可知，钢丝的初始长度约为4×10^7米，温度降低后它将缩短400米。假设钢丝勒入地面的深度为x（单位为米），那么钢丝最初形成的大圆与缩短后形成的小圆的周长差为：

$$2\pi r - 2\pi (r-x) = 2\pi x = 400（米）$$

算出$x \approx 64$米，意思是钢丝会勒入地面以下64米。这仅仅是它冷却1℃后的结果，真是太令人惊讶了！

17

大洪水的传说

西方世界有很多古老的神话传说，其中有一个传说与大洪水有关，故事大概是这样的：

有一天，上帝后悔创造了人类，他说："我要将我创造的一切通通毁灭掉，不管是人还是家畜、飞禽和爬行动物，通通毁灭！"但上帝想宽恕一个遵守教规的人，他的名字叫作挪亚。于是，上帝将毁灭世界的计划告诉了挪亚，并让他建一艘宽敞的大船——故事中称之为方舟。方舟的尺寸为"长300肘，宽50肘，高30肘[⚠]"，共3层。方舟上不仅要承载挪亚一家人，还要带上陆地上所有种类的动物各一对，以及可供他们吃很长一段时间的食物。上帝决定用雨水引发大洪水毁灭世界，然后由挪亚及其拯救的动

1 古时候西亚地区使用的一种长度单位，自手肘至手指尖的距离为1肘。1肘约等于45厘米。

——译者注

物共同创造一个新的世界。

　　7天之后，浩瀚深渊的泉源一起裂开，天上的水闸都打开了……雨下了整整40个昼夜……凶猛的洪水将方舟高高托起……地面上的水位急剧上涨，淹没了天下所有高山，水面高出它们15肘……陆地上所有的生物都被毁灭，只剩下方舟上的挪亚和他的同伴。

　　大洪水淹没了大地110个昼夜之后才开始消退，后来又过了很久，挪亚和他所拯救的动物们才离开方舟，回到陆地开始了新的生活。

关于这个传说，我想提出两个问题：第一，是否会下那么大的雨，以至于把地球上最高的山峰都淹没了？第二，挪亚方舟真的能装下陆地上所有品种的动物吗？

　　要解答这两个问题，必须用到数学知识。

　　首先，大洪水的水从哪里来？故事中也提到了，是来自天上的雨水，也就是来自大气层。而淹没了整个地球的水最后又消失到哪里去了？显然它们既不可能全部渗入地下，也不可能离开地球，所以它们只能蒸发后再回到大气层中。而且，这些水现在应该还在大气层中。因此，我们可以这样推论：假如目前大气层中的水蒸气全部凝结成雨水降落到地球上，那么全球性大洪水将再次暴发，地球上最高的山峰将再次被淹没。现在我们来检验一下，事实究竟如何。

我们可以从气象学的书里查到，地球表面平均每平方米上的空气柱所包含的水蒸气约为16千克，且永远不会超过25千克。我们以最大值25千克，即25000克为例，当这些水蒸气全部凝结成雨水时，它们所产生的雨水的体积为25000立方厘米△，而这就是地球表面平均每平方米（即10000平方厘米）水层的体积，算出水层的高度为25000÷10000=2.5厘米。

洪水不会涨到比2.5厘米更高的水位，因为大气层中已没有更多的水蒸气了，而且，这还是在降水丝毫没有渗入地下的前提下。

由此可见，地球表面水位最多上升2.5厘米，这与海拔约9000米的世界最高峰——珠穆朗玛峰相差甚远，这个

1 已知水的质量（m）是25000克，密度（p）是1克/立方厘米，所以根据公式$V=\dfrac{m}{p}$，便可求出水的体积（V）。

——译者注

传说其实是将大洪水的高度夸大了大约360000倍。

此外，传说中，整整40个昼夜的降雨量总共才25毫米，也就是说平均每昼夜约为0.6毫米。现实中，秋天的绵绵细雨下一昼夜，降雨量也能达到它的20倍。因此，所谓的"大洪水"不过是一场很小的雨罢了。

接下来，我们再看第二个问题。要知道挪亚方舟究竟能不能装下陆地上所有品种的动物，首先得算出方舟上的"居住面积"。

据说，挪亚方舟一共有3层，每层尺寸为"长300肘，宽50肘"。按照1肘等于0.45米来算，方舟每层的长为 $300 \times 0.45 = 135$ 米，宽为 $50 \times 0.45 = 22.5$ 米。算出方舟上总的"居住面积"是：

$$135 \times 22.5 \times 3 = 9112.5（平方米）$$

这样的面积能容纳地球上所有品种的动物吗？我们赶快来算一算。

已知地球上的哺乳动物约有4800种，挪亚不仅要为它们准备居住的地方，还要预留出空间以储存150天内动物们所需的饲料，直到洪水消退。而且，对于食肉动物来说，还需要另外准备供它们食用的动物以及相应的饲料。

然而，方舟上均摊到每种动物的使用面积约为：

$$9112.5 \div 3500 \approx 2.6（平方米）$$

显然，这样的大小是远远不够的。此外，我们还得考虑挪亚一家人所占用的面积。而且，为了避免动物之间的争斗，还要把它们分别关进笼子里，这样一来，不同动物的笼子间还得留出通道。

当然，麻烦还不止这些。刚才我们只考虑了哺乳动物的情况，事实上，陆地上除了哺乳动物还有很多其他种类的动物，比如鸟类、昆虫等，挪亚也得给它们留足生存空间。它们的体积也许不大，种类却很可观。我们在此估算一个大概数量▲：

鸟类：13000种　　　　　爬行类：3500种

> **1**　据不完全统计，世界上的鸟类约有9021种，爬行类约有6300种，两栖类约有4000种，节肢类约有100万种，昆虫有100万~200万种（有的估计为10000万种）。由于作者书写年代较为久远，故数据存在偏差。
>
> ——译者注

两栖类：1400种　　　节肢类：16000种

昆虫：360000种

　　方舟上仅容纳哺乳动物就已经很拥挤了，更何况还要放下以上数量庞大的其他动物，这是一项不可能完成的任务。如果非要达成这一目标，挪亚方舟就得扩大很多倍。然而，据说挪亚方舟已经是一艘很大的船了，它的排水量足足有20000吨。在造船技术还处于萌芽状态的远古时代就造出如此庞大的船，这是绝不可能的。而且，就算真的实现了，挪亚方舟还是不够大，因为那里简直就是一个需要备足5个月饲料的庞大动物园！

　　总之，这个关于大洪水的古老传说显然与科学计算的结果不相符。或许，是遥远时代某个地方的一场大洪水给人们带来了启发，让他们编撰了这个故事，剩下的就靠人们丰富的想象力了。

18

铁片的重心

你知道如何找到一个三角形的重心吗？我想这可能根本难不住你，三角形的重心就是其三条中线的交点。换作我们熟悉的其他图形，比如矩形、菱形、圆形，这也很简单，矩形或菱形的重心就是其对角线的交点，圆形的重心就是它的圆心。

现在来一点挑战，假设有一块由任意两个矩形组成的薄铁片（图35），在不做任何测量和计算的条件下，如何只借助一把直尺，用作图的方式找到

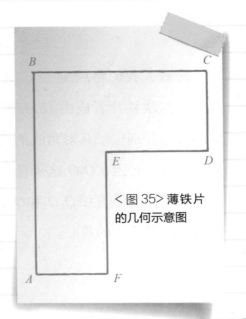

<图35> 薄铁片的几何示意图

1
三角形的顶点与其对边中点的连线，叫作中线。
——译者注

71

<图36> 薄铁片的重心就是点O。

它的重心呢？

将DE延长，使它与AB交于点N（图36）。这时，我们可以看到这块铁片是由两个矩形$ANEF$和$NBCD$组成的。它们的重心分别位于其对角线的交点O_1和O_2上。因此，整个铁片的重心必定在O_1O_2这条直线上。

接着，我们将FE延长，使它与BC交于点M。这时，我们把这块铁片看成由$ABMF$和$EMCD$两个矩形组成。它们的重心分别位于其对角线的交点O_3和O_4上。因此，整个铁片的重心必定在O_3O_4这条直线上。

此时，两条直线O_1O_2和O_3O_4相交于点O。那么，点O就是这块薄铁片的重心。

19

一笔画图形

有这样一道题：观察下面的五个图形（图37），将它们分别用一笔描画出来。也就是说，在描画每一个图形时，笔不能离开纸面，且同一条线不能描两次。

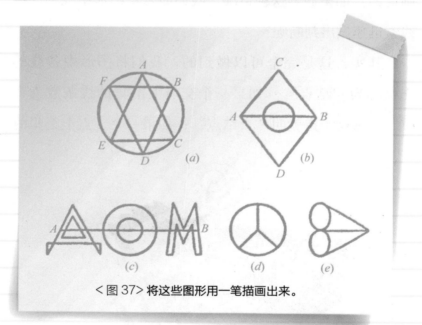

<图37> 将这些图形用一笔描画出来。

不少人在做这道题时，都会选择从图形d开始入手，因为它看起来最简单。可是随着笔尖开始移动，他们就会

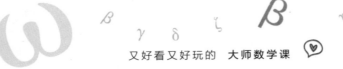

发现这很难办到。于是，他们继续尝试描画其他几个图形，结果却出人意料，他们没费多大劲就描出了前两个图形，甚至连看起来颇为复杂的图形c也描出来了。只有图形e和图形d，始终没有人能够挑战成功。

为什么会出现这种情况呢？难道是因为我们在某些时候脑子不够用了吗？还是说，有些图形根本就不是一笔能画成的？如果遇到这种情况，我们能否从图形中找到一些线索迅速做出判断呢？

其实，这是完全可以做到的。我们将图形中各线的交点称为"结点"。如果一个交点上汇集的线条数为奇数，那么这个点就叫"奇结点"；如果一个交点上汇集的

线条数为偶数，那么这个点就叫"偶结点"。我们可以看到，图形a中所有的结点都是偶结点，图形b中有2个奇结点（点A、点B），图形c中位于横线两端的结点都是奇结点，图形d和图形e中各有4个奇结点。

首先，我们来看看只有偶结点的图形，比如图形a。我们随意从一点S开始描画，假设先经过结点A，这时就会描画出两条线———一条走向点A，一条从点A离开。由于偶结点上走进和走出的线条数目一样，每一次用笔连接两个结点时，未被描画的线都会减少两条，所以描完所有的线后，就会回到点S。

然而，一旦回到了点S，就没有路可以走了。此时，图形上还存在未被描画的线。假设这些线交于结点B，而结点B我们已经走过，那么我们就必须修正一下路线：到达结点B时，先描出漏画的线条，等回到结点B后，再按原本的路线前进。

我们可以这样描画图形a：先描出△ACE的三条边，然后回到点A，再沿圆周ABCDEFA描画。不过，经过点B时，一定要先描出△BDF的三条边，然后才能继续描圆。

总的来说，如果一个图形的结点都是偶结点，那么，

无论你从图中的哪一点起笔，都可以用一笔把这个图形描画出来。而且，描画的终点与起点就是同一点。

接下来，我们来看看有两个奇结点的图形，比如图形 b。现在，从第一个奇结点起笔，经过任意一条线到达第二个奇结点：由点 A 经 ACB 到达点 B。此时，点 A 和点 B 上都少了一条需要描画的线，这两个奇结点变成了偶结点。也就是说，图形中只有偶结点了。现在，图形 b 中还剩下一个三角形和一个圆形。此前已经讲过，这样的图形是可以一笔画成的。所以，图形 b 也可以一笔画出。

但是，有一点需要说明：从一个奇结点到另一个奇结点的路线要选择恰当，不能使原图形出现割裂的情况。比如，在描画图形 b 时，如果你从奇结点 A 沿直线 AB 到达奇结点 B，中间的圆就会与其他部分分割开来，无法描画了。

总之，若一个图形中包含2个奇结点，那么正确的画法是从一个奇结点开始，到另一个奇结点结束。也就是说，描画的起点和终点不是同一个点。

由此可见，若一个图形中存在4个奇结点，那么，这个图形就必须用两笔才能画成。图37中的图形 d 和图形 e 就

属于这种情况。

相信你也能领悟到这样一个道理，当我们能正确地思考问题时，我们就可以提前获知一些情况，从而避免浪费时间和精力。而几何学就能教会我们如何正确思考。

或许，这次所讲的内容会让你觉得难以理解，但是你所付出的努力不会白费，在解答这类题目时，几何学会为你提供一些帮助。

以后你可以很快地判断出一个图形能否用一笔画成，还会知道应该从哪里开始描画。而且，你还能设计出各式各样的图形，来考一考你的朋友们。

最后，请你试着将图38的两个图形用一笔描画出来。

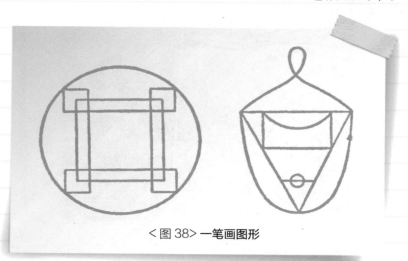

<图38> 一笔画图形

又好看又好玩的 大师数学课

夸张的插图

我们有时会在报刊中看到一些很夸张的插图，图中的物体之间有着很大的体积差，乍一看似乎没什么问题。但实际上，这其中很可能存在一些尺寸上的错误。利用几何知识，我们便能找到并纠正这些错误。

假设一个人平均一天要吃掉400克的牛肉，他的寿命是60岁，那么他此生就会吃掉大约9吨的牛肉。因为一头

<图 39>

78

牛的平均体重约为0.5吨，那么折算下来，这个人一生中要吃掉18头牛。图39是一本英文杂志中的插图，图中画着一个人和一头体形庞大的牛，而这头牛代表着这个人一生消耗的牛肉量。这幅图中的比例是对的吗？

根据插图中人与牛的比例，可知这头牛比现实中的牛高18倍，当然，它的长和宽也应当是正常牛的18倍。那么，它的体积就是现实中牛体积的 $18 \times 18 \times 18 = 5832$ 倍。一个人要想在一辈子的时间里吃掉如此庞大的一头牛，那简直是痴人说梦，除非他能活到2000岁。

事实上，这头牛的个头没有那么夸张，应该只是正常牛高、长、宽的 $\sqrt[3]{18}$，即约2.6倍。

下面还有一个例子：一个人每天喝1.5升水，如果他能活到70岁，那么他这辈子要喝掉40000升水。假设一般水桶的容量是12升，那么图中容器的容积就必须是一般水桶的3300倍（图40）。这幅图画对了吗？

这幅图也是错的。按照之前的算法，这个容器的高与直径应当是一般水桶的 $\sqrt[3]{3300}$，即14.9倍。假设一般水桶的高和直径都是30厘米，那么，这个装有40000升水的容器也仅需4.5米的高和直径就足够了（图41）。

<图40> 此人一生要喝掉 4000 升水。

<图41> 修正后的插图

　　通过上述例子，我们也可以看出，进行统计学上的数字对比时最好不要使用立体绘图，而应采用柱式图表，以免给人造成错误的印象。

标准的体重

假设从几何学的角度来看，人体是完全相似的（取平均值的条件下），并设身高1.75米的男人体重为65千克（这是各国男人身高和体重的平均值），那么就能根据一个人的身高算出他的体重来。这样计算出来的结果，超出了许多人的意料。

举个例子，有一个身高比平均身高矮10厘米的男人，那么，他的标准体重是多少呢？

生活中遇到这类问题时，人们通常是这样计算的：用中等身材男人的体重减去体重的一定百分比，这个百分比与10厘米在175厘米中所占的比例是一样的。因此，$65 - 65 \times \frac{10}{175} \approx 61$千克。

人们认为这就是正确答案了。但实际上，这种计算方法并不准确。

要想得出正确的结果，我们就应当按照下列的比例式计算：

$$\frac{65}{x} = \frac{1.75^3}{1.65^3}$$

算出：

$$x \approx 54 \text{（千克）}$$

这两种计算方法得出的结果竟然相差了8千克。

同样，我们也可以用这个方法算出一个身高比平均身高高10厘米的男人的标准体重：

$$\frac{65}{x} = \frac{1.75^3}{1.85^3}$$

算出：

$$x \approx 77 \text{（千克）}$$

也就是说，这个比平均身高高10厘米的男人的体重，比平均体重要重12千克。这个数值也比一般算法得到的数值要大得多。

毫无疑问，更加精准的计算对于医学实践的意义十分重大，比如计算用药量时必须参考更准确的体重数据。

最大的土地

托尔斯泰有一篇著名的短篇小说叫作《一个人需要多少土地》，小说中讲述了这样一个故事：

一个名叫帕霍姆的人想从酋长那里买一块土地，酋长提出的要求是：一天1000卢布，一天内帕霍姆能圈出多少地就得到多少地，但日落之前他必须回到出发点，否则钱就算白给了。帕霍姆高兴地答应了。第二天，太阳刚出来，他就扛着耙出发了。他一直朝前走，边走边做记号。走了大约10俄里之后，帕霍姆转弯向左走去。走了许久之后，他再次转弯向左

<图42> 帕霍姆拼命地奔向出发点。

走去。走了大约2俄里之后，他感觉非常累了，步子越来越沉重。于是，他顾不得圈出的地是不是方方正正的，决定直接朝出发点走去。这时，他离出发点还有15俄里。眼看着太阳一点点落下，帕霍姆根本没时间休息，不断加快脚步，拼命向前跑去。终于，他用尽力气扑向了出发的地方（图42）。"好样的！你终于有地了！"酋长大声宣布。可是大家把帕霍姆扶起来的时候才发现，他已经累死了。

故事的结局有些凄惨，我们暂且先不想这些，而是看看里面所包含的几何问题。故事中提到了几个数据，据此我们可以推断帕霍姆圈出的地大约是一个直角梯形（图43）。其中，*AB*是他刚开始走的10俄里，*CD*是他两次左转弯后走的2俄里，*DA*是他最后走回出发点的15俄里。故

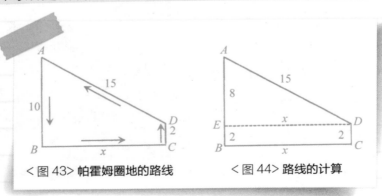

< 图 43> 帕霍姆圈地的路线　　< 图 44> 路线的计算

事中并没有提到 *BC* 的长度，这需要我们自己计算。从 *D* 向 *AB* 作垂线，垂足为 *E*，可知 *BCDE* 是一个矩形，*DE*=*BC*，*BE*=*CD*（图44）。因此 *AE*=*AB* − *BE*=10 − 2=8，根据勾股定理 △ 可求出 *DE* 约为13俄里。

现在，梯形的四条边长都知道了，我们可算出它的面积是：

（2+10）× 13 ÷ 2=78（平方俄里）

此外，我们还知道帕霍姆总共走了 10 + 13 + 2 + 15 = 40俄里的路，也就是梯形的周长。事实上，他原本想圈一个矩形，但由于判断失误导致最后圈出了一个梯形，那么这个变化对他是有利还是有弊呢？也就是说，当走的总里程不变时，怎样走才能使得到的土地面积更大？

我们可以列举一些周长为40俄里的矩形的面积，

1 勾股定理，又称毕达哥拉斯定理，几何的基本定理，指任意一个直角三角形的两条直角边的平方之和等于斜边的平方。直角三角形在我国古代被称为"勾股形"，其中，短的直角边叫"勾"，长的直角边叫"股"，斜边叫"弦"。

——译者注

如下：

$$14 \times 6 = 84（平方俄里）$$

$$13 \times 7 = 91（平方俄里）$$

$$12 \times 8 = 96（平方俄里）$$

$$11 \times 9 = 99（平方俄里）$$

以上列举的矩形的面积都比梯形的面积大，但也有比较小的情况，比如：

$$19 \times 1 = 19（平方俄里）$$

$$18 \times 2 = 36（平方俄里）$$

可见，在周长一定的情况下，有些矩形的面积比梯形的面积大，有些则比梯形的小。那么，究竟哪种矩形的面积最大呢？

观察上面的例子可以发现，矩形两边长相差越小，面积越大。因此，我们可以推断，当矩形两边长相差为零时，即它是一个正方形时面积最大，为 $10 \times 10 = 100$ 平方俄里。所以，帕霍姆应该沿着正方形的路线走，这样他得到的土地面积会比原来的多22平方俄里。

1 实际上，如果帕霍姆能走成一个圆形，那么这个圆形的土地面积就是最大的。

——译者注

23

最大容量的铁盒

有个铁匠遇到了一个相当棘手的问题，有顾客请他用一张60厘米见方的白铁皮制作一个没有盖子的铁盒。要求这个盒子的底部为正方形，还要有最大的容量。这可把铁匠难倒了，他拿着尺子反复测量，想了好久，也不知道该怎么折边（图45）。亲爱的读者，你能否运用几何知识来帮助铁匠解决这个难题呢？

设折边的宽度是 x 厘米（图46）。那么，这个正方形盒底的边长就是 $60-2x$ 厘米，盒子的容积就是：

$$V = (60-2x)(60-2x)x$$

< 图45 > 这个难题令铁匠非常头疼。

现在要考虑的问题是，当x等于多少时，这个乘积才会是最大值呢？从前文中我们了解到，如果两个乘数的和是一个定值，那么它们的乘积就在这两个乘数相等时达到最大值。同样，这一特性也适用于三个数的情况。

可是在这道题中，三个乘数的和$60-2x+60-2x+x$$=120-3x$并不是定值，而是随着$x$的变化而变化的。那么，我们就必须想办法让这个乘数之和变成定值，方法很简单，就是把上式等号两边分别乘以4。然后就能得到：

$$4V=（60-2x）（60-2x）4x$$

现在这几个乘数的和是：

$$60-2x+60-2x+4x=120$$

〈图46〉这道难题的解法

120正是一个定值，因此，当这三个乘数相等，即 $60-2x=4x$，$x=10$ 的时候，它们的乘积就是最大的。

也就是说，铁匠只要把这块白铁皮的每条边折进去10厘米，就能得到一个最大容量的铁盒了。这个容量是 $40 \times 40 \times 10 = 16000$ 立方厘米。

假设铁匠把每条边少折或多折1厘米，铁盒的容量都不会是最大的。我们在此验证一下：

$$9 \times 42 \times 42 = 15876（立方厘米）$$

$$11 \times 38 \times 38 = 15884（立方厘米）$$

无论哪种情况，算出的结果都比16000立方厘米少一些△。

1

通常是这样解答此类题目的：正方形铁皮宽度为 a，要将其做成一个容量最大的正方体盒子，需要把各边折进 $x = \dfrac{1}{6}$。因为 $(a-2x)(a-2x)x$ 或 $(a-2x)(a-2x)4x$ 的乘积在 $a-2x=4x$ 时才最大。

又好看又好玩的　大师数学课

如何拼接木板

人们在工厂或家里做木工活时，难免会遇到一些小状况，比如手边木材的尺寸并不符合需求（图47）。那么，我们该怎么办呢？

这个时候，几何学又能派上用场了，能帮助我们把木材改成我们所需的大小。当然，这也要依靠精妙的设计和计算才能实现。

假设你遇到了这个情形：你正准备制作一个书架，需要一块长1米、宽20厘米的木板，可是你手边只有一块长75厘米、宽30厘米的木板。很明

< 图47> 该怎么拼接木板呢?

显，这块木板短了些又宽了点，并不符合我们的需求。

如何把这块木板变成我们需要的尺寸呢？

最简单的方法，就是将木板顺着纹路锯下一条10厘米宽的边来（如图47中虚线所示），再把这条长75厘米的边平均锯成三段，这样，每一小段木板都长25厘米，宽10厘米。最后，把其中两小段拼接到大木板上就可以了。

但是，这个办法存在一些弊端：一是比较麻烦，需要锯三次，拼接两次；二是不够牢固，木板衔接处越多就越容易出问题。

那么，你能想到一个更好的办法吗？要求是，只能锯三次，拼接一次。

我们可以把木板ABCD沿对角线AC锯开，使其变成大小相同的两块（图48）。然后把其中一块（如$\triangle A_1B_1C_1$）沿对角线与另外半块（$\triangle ADC$）移开一段距离至C_1E，C_1E的长度就是原木板需要增加的长度，也就是25厘米。此

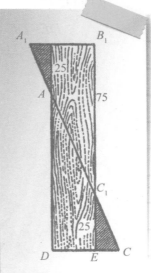

<图48> 拼接木板的最佳方法

时，拼接木板的总长度正是75+25=100厘米。然后，用胶水沿AC_1将两块木板粘起来，最后锯掉多出来的部分（图48中画阴影的两个小三角形），就大功告成了。

实际上，可根据△ADC和△C_1EC的相似关系，得到：

$$\frac{AD}{DC}=\frac{C_1E}{EC}$$

因此得出：

$$EC=\frac{DC}{AD}\times C_1E=\frac{30}{75}\times 25=10（厘米）$$

继而得出：

$$DE=DC-EC=30-10=20（厘米）$$